Alexander Preska

Integration trotz Segregation

Kommunale Integrationskonzepte zwischen
naivem Multikulturalismus und Assimilation

Preska, Alexander: Integration trotz Segregation: Kommunale Integrationskonzepte zwischen naivem Multikulturalismus und Assimilation. Hamburg, Bachelor + Master Publishing 2014
Originaltitel der Abschlussarbeit: Segregation als Thema kommunaler Integrationskonzepte: Integration trotz Segregation. Kommunalpolitik zwischen naivem Multikulturalismus und Assimilation

Buch-ISBN: 978-3-95684-341-9
PDF-eBook-ISBN: 978-3-95684-841-4
Druck/Herstellung: Bachelor + Master Publishing, Hamburg, 2014
Covermotiv: © Kobes · Fotolia.com
Zugl. Ruhr-Universität Bochum, Bochum, Deutschland, Bachelorarbeit, 2012

Bibliografische Information der Deutschen Nationalbibliothek:
Die Deutsche Nationalbibliothek verzeichnet diese Publikation in der Deutschen Nationalbibliografie; detaillierte bibliografische Daten sind im Internet über http://dnb.d-nb.de abrufbar.

© Bachelor + Master Publishing, Imprint der Diplomica Verlag GmbH
Hermannstal 119k, 22119 Hamburg
http://www.diplomica-verlag.de, Hamburg 2014
Printed in Germany

Inhaltverzeichnis

1. Einleitung 1

2. Integrationstheoretische Ansätze und Modelle 4

   2.1 Die Assimilation 5

      2.1.1 Frühe assimilatorische Ansätze 6

      2.1.2 Neuere assimilatorische Ansätze 7

   2.2 Der Multikulturalismus 12

3. Segregation 15

4. Integration vor Ort - Kommunale Integrationskonzepte im Umgang mit Segregation 20

   4.1 Konzept der Kategorie 1 23

   4.2 Konzept der Kategorie 2 24

   4.3 Konzept der Kategorie 3 25

5. Fazit 27

Literaturverzeichnis I

Abbildungs- und Tabellenverzeichnis IX

1. Einleitung

Deutschland ist ein Einwanderungsland. Diese Erkenntnis hat lange Zeit gebraucht. Dabei ist die Bundesrepublik Deutschland seit über 50 Jahren von Zuwanderung geprägt (Reimann 2008: 195). Laut Mikrozensus 2005 habe sogar jeder fünfte Einwohner Deutschlands und jedes dritte Kind unter sechs Jahren einen Migrationshintergrund.

Unabhängig davon könnte man meinen, dass die hitzige Debatte des letzten Jahres um das Thema Integration von Thilo Sarrazin alleine entfacht wurde, obwohl sie dadurch lediglich erst einmal in ein größeres öffentliches Interesse gerückt wurde. Teils wird sogar vom „Sarra-zin-Effekt" gesprochen, was natürlich die Brisanz um das Thema verdeutlicht. Seither wird in der öffentlichen und politischen Debatte darüber hinaus von „Integrationsverweigerern" gesprochen und Heitmeyers Wortschöpfung „Parallelgesellschaft" erreichte schon zur Wahl des Wortes 2004 die Zweitplatzierung. Justizministerin Leutheusser-Schnarrenberger geht noch weiter: „Um Integrationsverweigerer zu bestrafen, ist die derzeitige Gesetzeslage völlig ausreichend". Da scheint es nicht verwunderlich, dass laut Bertelsmannumfrage 63 % der Deutschen der Meinung sind, dass die hierzulande wohnenden Migranten schlecht integriert seien (Bertelsmann-Stiftung 2011: 4).

Doch was heißt Integration? Ist jemand, der die deutsche Sprache beherrscht und einen Arbeitsplatz hat, schon integriert? Zugespitzt: Ist die Lehrerin, die den Schuldienst nicht antreten kann, weil sie nicht auf das Kopftuch verzichten möchte, dann eine „Integrationsverweigerin"? Ist die Migrantin, die alle nötigen Voraussetzungen für ein Hochschulstudium erfüllt nicht schon längst strukturell integriert? Wie weit müssen sich Migranten an unsere Kultur anpassen?

Der sich vornehmlich aus ideologischer Sichtweise speisende Diskurs scheint auch die Aufnahmegesellschaft weiter zu spalten. Die bestehende Divergenz bezüglich historisch gewachsener Werte, wie z.B. analytischem Denken oder Kritizismus, um nur zwei Beispiele zu nennen, und darüber hinaus, in einer größtenteils säkularisierten und individualistisch geprägten Gesellschaft, stellt für viele Migranten eine Überforderung dar. Die daraus ersichtliche Gratwanderung, bedingt durch die Sozialisation in ihrem ursprünglichen Kulturkreis einerseits, und den Ansprüchen einer auf Fortschritt und Moderne geprägten Gesellschaft andererseits, stellt eine zunehmende Herausforderung dar.

Dennoch scheint es einen bundespolitischen Konsens bezüglich des Integrationsbegriffes nicht zu geben. Um es mit den Worten der Beauftragten der Bundesregierung für Migration Marieluise Beck auf den Punkt zu bringen: „Unter Integration versteht jeder etwas anderes" (Kresta 2004).

Es ist unverkennbar, dass die Politik sich dem Thema angenommen hat (oder sich dessen annehmen musste). Verdeutlichende Beispiele wären zum einen das aktuelle Zuwanderungsgesetz (ZuWG) aus dem Jahre 2005 und zum anderen der Integrationsplan von 2007, der als Instrument zur Überwindung struktureller Spannungen zwischen dem Bund und den Kommunen verstanden werden kann und diesen eine neue integrationspolitische Rolle verleiht.

Wenngleich die Kommunalpolitik sich durch eine unmittelbare „Betroffenheit" von Einwanderung schon viel früher mit der Integration, vor allem bezüglich des Wohnungsmarktes, beschäftigt hat, kann insgesamt von einer „nachholende(n) Integrationspolitik" (Bade 2007: 21) gesprochen werden. Die recht neuen kommunalen Integrationskonzepte als Steuerungsinstrumente verdeutlichen zudem den Paradigmenwechsel in der Politik. Dort wo bisher die soziale Mischung das Mantra der Stadtpolitik war (Häußermann 2008: 337), wird heute von diesem durchmischungsgeprägten Leitbild der Integration zögerlich Abstand genommen (Reimann 2008: 200). Diesbezüglich spricht FILSINGER von einer unübersehbaren Tendenz zur Konvergenz bezüglich der Strategien von Konzepten (2009: 287) und auch GESTRING spricht von „inhaltlichen Ambivalenzen" (2011: 265) vor allem im Hinblick auf die Segregation. Die Bundesregierung hält im Integrationsplan jedoch nach wie vor an einer Mischung durch eine „Sicherung sozial und ethnisch gemischter Quartiere fest" (Die Bundesregierung 2007: 112).

So stellt sich die Frage, wie auf kommunaler Ebene mit der Segregation verfahren wird. *Weisen die Konzepte diese Ambivalenzen ebenfalls bezüglich des Handlungsfeldes „Wohnen und Zusammenleben im Stadtteil" auf? Inwiefern wird an dem Dogma der sozialen Mischung festgehalten bzw. im Rahmen des Paradigmenwechsels eine „Integration trotz Segregation" (s. Deutscher Städtetag 2007) angestrebt?*
Ersteres würde dem Gedanken der Assimilation im Rahmen der Möglichkeit zur Binnenintegration und einer Verhinderung solcher dauerhaften Strukturen bzw. ethnischer Segregation gleichkommen, letzteres dem Gedanken des Multikulturalismus in Bezug auf eine Akzeptanz solcher Strukturen.

Zunächst werde ich in Kapitel 2, trotz „konzeptioneller Unschärfen" (Hoffmann-Nowotny 1990: 15) der Theorien, die grundlegenden Modelle zur Integration darlegen. Diese Darstellung ist im Hinblick der Komplexität dieses Themas nur als eine Art „Übersicht" mit zentralen Auffassungen zu verstehen.

Danach (Kap. 3) erfolgt in Form einer Betrachtung der Segregation eine Übertragung dieser Theorien und Modelle auf den städtischen Raum. Neben den sozial-räumlichen Ursachen sollen Auswirkungen und Tendenzen, die das Phänomen aktuell und zukünftig verschärfen bzw. verschärfen werden, verdeutlicht werden.

Zuletzt werden (in Kap. 4), nach einem kurzen Abriss zur Verdeutlichung des angesprochenen Paradigmenwechsels, anhand von insgesamt 28 gesichteten Konzepten drei Einordnungskategorien festgelegt und exemplarisch an drei städtischen Integrationskonzepten der Umgang der Kommunalpolitik mit Segregation analysiert.

2. Integrationstheoretische Ansätze und Modelle

Etymologisch bedeutet integrieren in Anlehnung an das aus dem 18. Jahrhundert stammenden Wort „integrare" „ergänzen, vervollständigen, sich zusammenschließen, in ein größeres Ganzes eingliedern" (Kluge 2000: 585), wobei Integration folglich auf das Wort „integratio" für Zusammenschluss, Eingliederung oder Vereinigung steht (Broszinsky-Schwabe: 1).

Der Begriff beschreibt zum einen den Prozess, also die Integration von Teilen in ein größeres Ganzes (Sackmann 1997: 47), und zum anderen den Zustand, also das Ergebnis der Zusammenführung zu einer neuen Einheit. Der Gegenbegriff ist die Desintegration, worunter die Auflösung dieser Einheit verstanden wird, als Einteilung in die beiden Begriffe Segregation und Exklusion (ebd.: 2), was im Verständnis jedoch nicht dem, im weiteren Verlauf der Arbeit erläutertem, Multikulturalismus entspricht. Hartmut Esser hingegen definiert Segmentation als den Gegenbegriff (Esser 2000: 262). Im Multikulturalismus hingegen wird Integration als gleichberechtigtes Nebeneinander in einer Gemeinschaft durch eine Mehrzahl von Zugehörigkeiten zu unterschiedlichen Teilsystemen verstanden (Neubert et al. 2008: 14ff.).
Letztendlich ist der Begriff vage und unbestimmt, was eine wissenschaftliche Untersuchung schwierig macht (Friedrichs & Jagodzinski 1999: 11).
Ferner fallen unter den vielmals neu definierten Begriff in unterschiedlichsten interdisziplinären Ansätzen verschiedenste Konzepte und dies führt folglich zum Verlust einer gewissen Trennschärfe. Dennoch ist er eng mit dem Begriff der Migration verknüpft (Michalowski 2007: 34f.).

Migration bedeutet eine international dauerhafte oder zumindest längerfristige Verlagerung des Lebensmittelpunktes, bei der unterschiedliche nationale Grenzen überschritten werden müssen. Somit versteht sich die Migration als das Ergebnis einer Wohnsitzverlagerung. Der Migrant ist dabei die Person, die dieses Ereignis veranlasst hat (Fassmann 2011: 64f.).

Das Modell der Push- und Pull-Faktoren besagt, dass die potenziellen Migranten die Herkunfts- und Zielregionen beobachten, dabei die Attraktivität beider Regionen bewerten und erst bei einer positiven Summe, der als positiv empfunden Standortfaktoren hinsichtlich der Zielregion, ihren alten Standort verlassen. Dabei werden jedoch ebenfalls die Wanderungskosten und -risiken abgewogen und in Beziehung zur bewerteten Attraktivität gesetzt. Die Risiken der Wanderung und auch die Wanderungskosten sinken, wenn sich die gleiche ethnische Gruppe bereits in einer großen Zahl in der Zielregion befindet, denn so wird die Aufnahme im Zielland gesichert (ebd.: 72f.).

Grob lassen sich die verschiedenen Modelle und Konzepte zur Integration, zwar nicht unabhängig von den verschiedensten Autoren bzw. Theoretikern, unter den zwei Begriffen Assimilation und Multikulturalismus, die im Folgenden erläutert werden, zusammenfassen.

Da die verschiedenen Begrifflichkeiten der Integrationstheorie, wie schon erwähnt, zum einen einer einheitlichen Verwendung mangeln und zum anderen eine beliebige Verwendung derselben Begriffe für unterschiedliche Phänomene zu Missverständnissen führt (Caballero 2009: 38), bietet es sich zur Reduktion zunächst an, zwei Ebenen nämlich die strukturelle und kulturelle Integration zu unterscheiden (Häußermann et al. 2008: 315). Diese Sichtweise stellt eine Anlehnung an PETERs ursprünglich dreistufiges Modell dar.

Demnach kann zwischen der strukturell funktionalen Integration als Eingliederung von Personen in die Gesellschaft, Wirtschaft, Bildung, Politik usw. und zwischen der kulturell-identifikatorischen Integration als das Bewusstsein kultureller und emotionaler Zugehörigkeit zum Gesamtsystem verstanden werden. Bei der strukturellen Integration ist das äußere Verhalten, beispielsweise die Teilhabe am Arbeitsmarkt, ein wichtiges Kriterium wohingegen bei der kulturellen Integration die inneren Einstellungen, wie beispielsweise kollektive aber auch kulturelle Werte, von großer Bedeutung sind (Löffler 2011: 18f.).

2.1 Die Assimilation

Die vorliegenden Konzeptionen zur Assimilation sind äußerst komplex. Oft wird die Assimilation auf den kulturellen Teil (auch „kulturelle Assimilation") der Integration beschränkt (Sauer 2009: 19f.), andere Konzepte hingegen sehen in ihr eine Art „Idealform" der Integration, bestehend aus beiden Teilen (struktureller und kultureller Integration) hin zu einer Art vollständigen Integration (Gordon 1964: 64f.).
Assimilation ist ein Angleichungs- oder Verschmelzungsprozess (Hans 2010: 45), der meist einseitig verstanden wird, indem sich gleichmäßig jede Einwanderergeneration in kultureller Hinsicht ein Stück weiter an die Aufnahmegesellschaft anpasst und dabei in entsprechendem Maße ihre Herkunftskultur aufgibt (Sauer 2009: 17). Die eingewanderten Individuen übernehmen, Werte, Normen, Traditionen, Bräuche, Lebensstile aber vor allem die Sprache und geben diesbezüglich ihre eigene ethnische Identität, spätestens mit der zweiten Generation, allmählich auf (Löffler 2011: 91). Betont ist die Einseitigkeit, weshalb auch der Begriff „monistische Assimilation" (Caballero 2009: 49) gebraucht wird.
GORDON erweitert dieses Verständnis zum einen um die strukturelle Ebene, worunter sich eine Platzierung auf dem Arbeitsmarkt oder im Schulsystem versteht, und zum anderen um

die emotionale Ebene, worunter er vor allem eine Identifikation mit der Aufnahmegesellschaft als die neue Heimat versteht (Gordon 1964: 64f.).

Mit GORDONS Verständnis kann somit die Assimilation mit Integration gleichgesetzt werden. Dies wird jedoch dann problematisch, wenn eine Person als gut integriert angesehen wird, sofern sie beispielsweise in ihrer Erwerbstätigkeit ein hohes Einkommen erzielt. Dies bedeutend wäre eine Assimilation folglich eine Angleichung des Einkommens an die Aufnahmegesellschaft. Genau genommen hieße dies jedoch auch, dass wenn das Einkommen der Aufnahmegesellschaft gering wäre, eine Angleichung nach unten möglich wäre, was jedoch dem skizzierten Verständnis nach nicht wünschenswert wäre (Hans 2010: 47f.).

Insofern ist unter Assimilation nicht, wie oft unterstellt oder verstanden, die vollständige Angleichung bis zur Unkenntnis gemeint, sondern eher eine vollzogene „ethnische Gruppenzugehörigkeit", die beispielsweise nicht in Vorurteilen endet, sondern zu einer gleichberechtigten gesellschaftlichen, politischen und wirtschaftlichen Teilhabe führt (ebd.: 45). D.h., dass die Assimilation zu einer Gesellschaft „ohne ethnische Distinktionen" führen sollte (ebd.: 49).

2.1.1 Frühe assimilatorische Ansätze

Die ersten theoretischen Erklärungsversuche zur Assimilation wurden rein deskriptiv mithilfe von Sequenz- und Zyklenmodellen unternommen (Han 2005: 44f.). PARK und BURGESS der Chicago-School nahmen zuerst eine systematische Abgrenzung des Assimilationskonzeptes von anderen Konzepten und Begriffen vor und gehen damit über die bis dato kursierenden Sequenzmodelle hinaus (ebd.: 44). In den fünf zyklischen Phasen des Modells des „race relation cycle" kommt es zu einer Reihe von sozialen Interaktionen zwischen der Einwanderung- und Aufnahmegesellschaft, sodass als einziger möglicher Endzustand die völlige Assimilation vollzogen ist (Han 2006: 18-26). Die Phasen verlaufen nacheinander ablösend und irreversibel progressiv (ebd.: 9). Somit wird in diesem Fall die Assimilation als wechselseitiger Anpassungsprozess begriffen und schon PARK versteht darunter nicht die vollständige Auflösung kultureller Besonderheiten, sondern einen Prozess an dessen Ende eine homogene Gesellschaft steht (Gestring et al. 2006: 13). Am schnellsten verläuft Assimilation jedoch über sogenannte Primärgruppeninteraktionen, worunter sich beispielsweise Kontakte zwischen Familien verstehen lassen (Hans 2010: 45).

Das Modell des „race relation cycle" ist auf Deutschland, oder auch auf den europäischen Raum, nur sehr begrenzt übertragbar und gilt als „historischer Sonderfall" (Hans 2010: 50). So war für viele Migranten der Gastarbeiterbewegung, die anfänglich nach Deutschland kamen, die Rückkehr in ihr Heimatland eine Option. Folglich fehlte die Zwangsläufigkeit einer kulturellen Integration. Neben den rechtlichen Rahmenbedingungen (Treibel 2003: 115f.) spielt vor allem das unterschiedliche Sozialsystem eine immense Rolle. Daher erlaubt Deutschland mit der Sozialhilfe als eine Art „Grundsicherung" zumindest in Teilen den Vollzug der strukturellen Integration, wohingegen in den USA, durch die begrenzte soziale Sicherung, gegebenenfalls erhöhte Anstrengungen durch die Migranten zur Etablierung auf dem Arbeitsmarkt und damit zur strukturellen Integration getätigt werden müssten.

Mit dem wechselseitigen Anpassungsprozess, den PARK beschreibt wird auch der Begriff des „Melting Pott", also des Schmelztiegels, verstanden. Mit dieser gemeinten „fusionistischen Variante" spielt auch die biologische Verschmelzung mit ein (Löffler 2011: 98). An dieser Stelle sind die Grenzen zwischen der später beschriebenen Akkulturation, einer abgewandelten Form, der so genannten „interaktionistischen Assimilation", und der von PARK beschriebenen Assimilation fließend und können nicht voneinander abgegrenzt werden. So beschreibt die interaktionistische Assimilation den gegenseitigen Angleichungsprozess als eine Interaktion und Kommunikation zwischen der aufgenommenen Minderheitsgesellschaft und der aufnehmenden Mehrheitsgesellschaft, darunter ebenfalls die Idee des „Melting Pott" verstehend (Caballero 2009: 50).

Eine andere Betrachtungsweise liegt der schon erwähnten monistischen Assimilation als einseitiger Anpassungsprozess zu Grunde und bezieht sich auf die Assimilation an die so genannte „WASP-Kultur", also an die weiße, angelsächsische und protestantische Kultur (Löffler 2011: 97). Im Zusammenhang mit dem Wort der „Amerikanisierung" bekam diese Ansicht jedoch einen zunehmend „bitteren Beigeschmack" und verlor an Bedeutung (Gordon 1964: 85). Infolgedessen wird der „Melting Pott"- Metapher vorgeworfen, dass sie lediglich eine rigoros betriebene Politik der Assimilierung an eine US-amerikanische Hegemonialkultur verdecke (Löffler 2011: 99). Letztere monistische Sichtweise wird deshalb teilweise auch als „anglo conformity" (Hans 2010: 55) bezeichnet.

2.1.2 Neuere assimilatorische Ansätze

Neuere Ansätze beschreiben die Assimilation als einen partiellen, in verschiedenen Bereichen unterschiedlich verlaufenden Prozess (Gestring et al. 2006: 12). Dazu gehören unter anderem die Modelle von EISENSTADT (1954) und GORDON (1964), die eine unterschiedlich verlaufende Assimilation in unterschiedlichen Bereichen zulassen (Treibel 2003: 110f.).

Im deutschsprachigen Raum ist die Theorie von Esser (1980; 2001), neben denen von Hoffmann-Nowotny und Heckmann, am bekanntesten.

Hartmut Esser versteht unter Integration den Zusammenhang von Teilen in einem systemischen Ganzen (Esser 2001: 1). Diesbezüglich versteht er unter der Sozialintegration die Einbeziehung von Akteuren in das bestehende System und unter Systemintegration den Zusammenhalt des ganzen Systems, wobei beide miteinander einhergehen, jedoch nicht müssen (ebd.: 3).

In Tab.1 sind die vier verschiedenen möglichen Konstellationen der Sozialintegration dargestellt.

Assimilation ist demnach die „Angleichung der Akteure bzw. Gruppen in gewissen Eigenschaften an einen bestimmten Standard" (Esser 2006: 90), den die Aufnahmegesellschaft bestimmt. Sie versteht sich als einseitigen Vorgang, also die Anpassung der Migranten an die Aufnahmegesellschaft (Gestring et al. 2006: 12). Darunter ist, wie erwähnt, auch bei Esser, nicht die vollständige Auflösung aller Unterschiede zwischen den Akteuren gemeint, sondern eher eine Angleichung in Faktoren, wie beispielsweise Einkommen oder Bildung (Esser 2001: 74). Im Vordergrund stehen Wahrnehmungen und Bewertungen der Umwelt durch die Akteure, also in diesem Fall der Migranten, die aus einer Vielzahl von ihnen zur Verfügung stehenden Handlungsmöglichkeiten auswählen und sich dadurch ggf. assimilieren (Esser 1980: 8-14). Sie wählen dabei stets die Möglichkeiten, die sie als förderlich zum Erreichen ihrer eigenen Ziele erachten (ebd.: 14). Dabei kommt jedoch der Aufnahmegesellschaft eine entscheidende Rolle zu, denn je mehr Handlungsopportunitäten dem Einwanderer durch die Aufnahmegesellschaft, beispielsweise durch das Fehlen von Diskriminierungen, Vorurteilen oder Beschränkungen, eingeräumt werden, desto eher führt dieser assimilative Handlungen aus (Esser 1980: 211f.). Assimilation ist ein sehr langer Prozess über weit mehr als drei bis sechs Generationen, was die empirische Forschung in diesem Bereich schwer macht (Caballero 2009: 51).

Die Assimilation unterteilt sich, auch unabhängig von Esser, in vier verschiedene Dimensionen (Esser 2006: 91f.; Riegel 2004: 67; Gruber 2010: 17f.):

Die *kulturelle Assimilation* umfasst vor allem den Spracherwerb, Werte, Normen oder auch die Religion. Es geht zentral um Kompetenzen, die zum gesellschaftlichen Leben befähigen.

Die *strukturelle Assimilation* beinhaltet u. a. den Erwerb von Bildungsqualifikationen und die Etablierung auf dem Arbeitsmarkt. Neben des Erwerbs von Rechten, der beispielsweise die Assimilation in den weiteren Bereichen beschleunigen kann (Bauböck 2001: 40f.), geht es um den gleichberechtigten Zugang zu gesellschaftlichen Einrichtungen und nicht zuletzt um eine Partizipation.

Die *soziale Assimilation*, worunter auch eine interethnische Heirat zu verstehen wäre, zeigt sich in der Existenz von Kontakten zur Aufnahmegesellschaft. Dies manifestiert sich in sozialen Netzwerken oder interethnischen Kontakten und Freundschaften.

Zuletzt versteht sich die *emotionale Assimilation* als eine Identifikation mit den Verhältnissen, beispielsweise auch mit der Kultur, des Aufnahmelandes. Die Letztere Variante wird auch als identifikatorische Integration bezeichnet und bezieht sich darüber hinaus auf eine Art Zugehörigkeitsgefühl und insbesondere auf die Verinnerlichung von Werten und Normen (Sauer 2009: 21).

Die Inklusion und Exklusion, unabhängig von der Aufnahme- oder Herkunftsgesellschaft, beziehen sich auf Kulturation, Platzierung, Interaktion und Identifikation und sind identisch mit den vier Dimensionen (Esser 2010: 145).

Diese Unterscheidung könnte eine Reaktion auf die Kritik gewesen sein, dass sich Assimilation, nach ESSERs Verständnis, auf eine homogene Gesellschaft, wie beispielsweise in Deutschland in den fünfziger Jahren (Gestring et al. 2006: 13), beziehe. So hat sich die Gesellschaft beispielsweise durch die Globalisierung oder die fortschreitende Arbeitsteilung weitgehend differenziert und die „Vorstellungen von sozialer Integration in eine homogene Kultur überholt" (Häußermann et al. 2008: 323). Dieser hier eingeschobene Einwand bedürfe, vor allem in kultureller Hinsicht, weiterer Ausführungen. Auf diese soll an dieser Stelle jedoch verzichtet werden und auf die Komplexität der Thematik hingewiesen sein.

ESSER verleiht der Platzierung, bei der es um Einkommen, Bildung, Rechte und institutionellen Zugängen geht, einen vertikalen Charakter und betont damit in einer heraushebenden Bedeutungszuschreibung, dass diese Eigenschaften „andersartig *und* anderswertig" (Esser 2010: 145) seien. Die anderen drei Dimensionen beschreibt er als horizontal und damit als „andersartig, aber nicht anderswertig" (ebd.: 145). Infolgedessen öffnet er, unter einem neuen Aspekt, sein Modell für eine differenzierte Gesellschaft, die sich unter dem Aspekt der horizontalen Eigenschaften in eine „ethnische Vielfalt" differenziert. Diese „ethnische Vielfalt" grenzt er von der „ethnischen Schichtung" ab, worunter er Unterschiede in den vertikalen Eigenschaften versteht (ebd.: 146).

Marginalität liegt dann vor, wenn die Herkunftskultur aufgegeben wurde, ohne dass es zu einer Integration in die Aufnahmegesellschaft gekommen ist (Caballero 2009: 54). Der Migrant fühlt sich dann, in Anlehnung an PARKs „marginal man" (Esser 2001: 15), als „ausgestoßener, einsamer und heimatloser Fremder" (ebd.: 19), was meist in der ersten Generation der

Fall ist. Die Marginalität, oder auch Marginalisierung, ist wahrscheinlich, wenn hohe Zugangsbarrieren zu Bildung, Arbeit oder auch sozialer Partizipation bestehen (Sauer 2009: 19).

Bestehen für die Migranten jedoch Anreize oder Möglichkeiten zur Aufrechterhaltung der Herkunftskultur (ebd.), kommt es lediglich zu einer Sozialintegration in eine ethnische Gemeinde, die eine dauerhafte Alternative der Lebensgestaltung bietet (Esser 2001: 19) und sich zuletzt systematische Unterschiede zu anderen Gruppen der Aufnahmegesellschaft verfestigen (Caballero 2009: 54f.). Bei dieser Segmentation als eine Art von Sozialintegration bzw. Exklusion aus der Aufnahmegesellschaft wird dann vom Gegenteil zur Integration gesprochen (Reichel 2011: 85), was möglicherweise daher ruht, dass Assimilation oft mit Integration gleichgesetzt wird. Zusammen mit der Marginalität bedeutet die dauerhafte Segmentation in Bezug auf die Platzierung bzw. strukturelle Assimilation „ethnische Schichtung" (Esser 2010: 156). Ziel von Integration sei jedoch die Auflösung von Gruppenunterschieden (Esser 2001: 19). Segmentation in Bezug auf Ersteinwanderer und eine Assimilation der Folgegenerationen über viele Generationen hinweg, können indessen durchaus parallel in der Gesellschaft vorkommen (ebd.: 22f.).

Die Mehrfachintegration, oder auch multiple Inklusion, stellt die Sozialintegration sowohl in die Aufnahmegesellschaft als auch in die Herkunftsgesellschaft dar. Sie geht, wegen des Erwerbs der jeweiligen aufnahmelandspezifischen Ressourcen, gar über die Assimilation hinaus (Esser 2010: 155f.). Bedingung dafür ist jedoch die Gleichheit in der vertikalen Dimension (ebd.: 156). Die aktuelle Einwanderung ist transnational und unterscheidet sich, wie schon zuvor angesprochen, nicht zuletzt durch die Möglichkeit der Aufrechterhaltung von Kontakten zum Heimatland, beispielsweise durch verbesserte Reise- und Kommunikationsmöglichkeiten (Hans 2010: 50). Dementsprechend sollen transnationale Räume die Mehrfachintegration begünstigen und zwischenstaatliche Wirtschaftsbeziehungen und Know-How-Transfer versprechen (Sauer 2009: 20). Zwar ist die Bedeutung für die transnationalen Räume in den vergangenen Jahren in der Sozialwissenschaft gestiegen (ebd.), doch sei sie „kaum realistisch und auch empirisch ein seltener Fall" (Cabellero 2009: 55).

		Sozialintegration in die Aufnahmegesellschaft	
		Ja (Inklusion)	Nein (Exklusion)
Sozialintegration in die Herkunftsgesell-schaft bzw. ethnische Gemeinde	Ja (Inklusion)	Mehrfachintegration	Segmentation/ Segregation
	Nein (Exklusion)	Assimilation	Marginalität

Abb.1: Die verschiedenen Dimensionen der Sozialintegration nach ESSER (Esser 2001: 19)

Die Systemintegration ist gelungen, wenn die verschiedenen Teile eines Systems, also der Gesellschaft, untereinander verbunden, wechselseitig abhängig voneinander sind und sich zusammenhalten (Esser 2006: 94). Folglich ist eine Einwanderungsgesellschaft systeminte-griert, wenn die verschiedenen Gruppen sich in der Gesellschaft in gleichgewichtigen und relativ spannungsarmen Beziehungen zueinander befinden (Löffler 2011: 67). Ethnische Kon-flikte gelten als Spezialfall der System-Desintegration und ihre Abwesenheit stellt die mini-male Bedingung der Systemintegration dar (Esser 2006: 94). Die Systemintegration wird er-möglicht durch die Beteiligung an relevanten Ressourcen auf den Märkten, wie dem Arbeits-markt, Warenmarkt, Wohnungsmarkt usw. (ebd.: 94f.). Somit ist die Gleichverteilung der relevanten Ressourcen und damit die strukturelle Assimilation, neben der Auflösung ethni-scher Segmentationen, eine entscheidende Bedingung.

Auch für HOFFMANN-NOWOTNY ist die Wahrscheinlichkeit für eine Assimilation von den Chancen der Einwanderer, an der Gesellschaft zu partizipieren, abhängig (Hoffmann-Nowotny 1973: 172f.). Dabei ist die Öffnung zentraler Statuslinien der Aufnahmegesellschaft zu der Einwanderungsgesellschaft von Nöten. Assimilation, oder auch Akkulturation in An-lehnung an EISENSTADT, bedeutet demnach Partizipation an der Kultur, wobei Integration die Partizipation an der Gesellschaft bedeute (ebd.). Diese sind zwar miteinander gekoppelt, kön-nen jedoch in ihren Teilsystemen unterschiedlich verlaufen. Dennoch ist das Erlernen der Sprache für diese Prozesse unabdingbar (Hoffmann-Nowotny 1990: 17).

HOFFMANN-NOWOTNYs Modell lässt Parallelen zum Migrationsmodell der Push- und Pull-Faktoren erkennen. So nahmen die Einwanderer in ihren Herkunftsländern schon eine margi-nale Stellung im Gesellschaftssystem ein, was sich in den Einwanderungsländern durch eine Positionierung im unteren sozialen Schichtsystem fortgeführt habe (Hoffmann-Nowotny 1973: 2) oder gar verstärkt werde (ebd.: 272). Eine Integration ist dahingehend problematisch, dass, wie erwähnt, die Aufnahmegesellschaft die Assimilationsbereitschaft der Einwanderer beeinflusst (Aumüller 2009: 119). Somit führt mangelnde strukturelle Integration zu Marginalität, oder nach ESSER auch zu Segmentation, aber im Kern zu mangelnder Sozialintegration, was zu einem Sinken der Assimilationsbereitschaft führt oder letztendlich zur Anomie führen kann (Hoffmann-Nowotny 1973: 265f.). Mangelnde strukturelle Integration wird beispielsweise auf geringe Schulqualifikationen, Sprachdefizite oder benachteiligte Wohnstellungen zurückgeführt (Hoffmann-Nowotny 1990: 151). Infolgedessen sei eine Assimilation oft nur eine Angleichung „an die ihrer jeweiligen Schichtlage entsprechende Subkultur" (Hoffmann-Nowotny 1973: 176).

HECKMANNs Elemente der Integration entsprechen weitgehend denen ESSERs. Auch sein Verständnis von Integration stimmt, als ein Hinzufügen einzelner Elemente in eine existierende Struktur hin zu einem verbundenen Ganzen, weitgehend überein (Heckmann 1997: 1). Allerdings räumt er der Veränderung der Aufnahmegesellschaft eine höhere Bedeutung ein (Heckmann 2005: 2). Zwar kommt der größte Anteil an Veränderungen der Einwanderungsgesellschaft zu, dennoch zielt HECKMANNs Konzept eher auf eine gegenseitige Annäherung ab, unter anderem weil er keine vollkommene Abkehr von traditionellen Werten, wie bei ESSER zu sehen, vorsieht. Der ethnischen Gemeinde, die er als „ethnische Kolonie" bezeichnet, misst er eine geringere Bedeutung zu.

Zusammenfassend lässt sich das Konzept der Assimilation wie folgt erklären:

„Grundlage jeder erfolgreichen Integration in die Einwanderungsgesellschaft ist die gemeinschaftlich geteilte Kultur. Assimilation ist das Instrument zur Verwirklichung dieser Grundlage. Ziel ist die kulturell relativ homogene Gesellschaft. Aus assimilatorischer Sicht ist sie die Voraussetzung für sozialen Frieden, Wohlstand und stabile Demokratie. "
(Löffler 2011: 144)

2.2 Der Multikulturalismus

Multikulturalismus ist der theoretische Gedanke darüber, wie das Zusammenleben verschiedener Kulturen gleichberechtigt und friedlich nebeneinander ermöglicht werden kann (Hillmann 2007: 471f.) bzw. über normative Entwürfe des Zusammenlebens von Einheimischen und Zugewanderten (Löffler 2011: 101). Empirisch oder analytisch ist der Multikulturalismus als Gesellschaftstheorie dann, wenn er eine soziale Wirklichkeit der kulturellen Pluralität in der heutigen westlichen Gesellschaft beschreibt (ebd.: 111). Normativ oder ideologisch macht er sich die ethnisch-kulturell heterogene Mosaikgesellschaft zum Thema und trägt als Grundlage politischer Programme zur Realisierung einer damit verbundenen Gesellschaftsform bei (ebd.: 112).

In der öffentlichen Debatte kann der Begriff Multikulturalismus auf die 1980er zurückdatiert werden (Neubert et al. 2008: 9), wohingegen er in der sozialwissenschaftlichen Debatte Deutschlands erst Anfang der 1990er Jahre Einzug hält (Löffler 2011: 105).

Als Kontrast zum Homogenitätsparadigma der Assimilation geht es um den Erhalt und die Förderung der kulturellen Identität (Seifert 2000: 55), so dass die vollständige Integration in eine Gemeinschaft durch eine Mehrzahl von Zugehörigkeiten zu unterschiedlichen Teilsystemen, ähnlich einer „salad bowl", ersetzt wurde (Neubert et al. 2008: 14ff.).

Das Konzept deckt einen sehr breiten Verständnisbereich ab und schafft damit Raum für verschiedene Interpretationen. Dieser Bereich erstreckt sich von der Variante die verschiedenen Kulturen als Chance und Bereicherung zu sehen und daraus ein Modell des besseren Zusammenlebens ableiten zu können (Neubert et al. 2008: 20) bis über Varianten, die Einwanderern das Recht geben sollen, ihre „mitgebrachten" kulturellen Praktiken in gleicher Weise wie in ihren Herkunftsländern auszuführen (Mesic zit. nach Löffler 2010: 124). Erstere Variante wird wegen der Ausklammerung von Konflikten, durch beispielsweise kulturelle Geltungsansprüche, auch als naiver Multikulturalismus bezeichnet.

Herleiten lässt sich der naive Multikulturalismus ursprünglich aus dem Gedanken des Liberalismus, jedoch differenzierter betrachtet, ist er als Linksliberalismus zu bezeichnen, da er den auf Individualität ausgerichteten Gedanken der Freiheit, auf eine Gruppe überträgt. Dem entspricht auch das Gleichheitsprinzip des Multikulturalismus auf sozioökonomischer Ebene, beispielsweise durch gleiche Rechtsstellung, einen gleichberechtigten Zugang zu Bildung, Ausbildung und staatlichen Transferleistungen usw. (Baringhorst 2010: 94). Insofern schafft er den Rahmen für eine Koexistenz von Gruppen unterschiedlichster Lebensweise (Taylor 1993: 49ff.). Der wesentliche Unterschied zum liberalen Multikulturalismus besteht jedoch in der Anerkennung kultureller Rechte (Baringhorst 2010: 94).

Vom Standpunkt des naiven Multikulturalismus „versagt" der Liberalismus immer dann, wenn allgemein festgelegte öffentliche Rechte die Minderheitskulturen einschränken. Beispiele hierfür könnte die Schulpflicht für die Roma oder das Tierschutzgesetz und Kopftuchverbot (im öffentl. Dienst) bei Musliminnen sein. An dieser Stelle, und in vielerlei Hinsicht darüber hinaus, ist der Gedanke des Liberalismus mit der Anerkennung der pluralistischen und transnationalen Gesellschaft, bedingt durch die Einwanderung, nicht mehr vertretbar. An dieser Stelle soll erwähnt werden, dass es durchaus multikulturalistische Theorieansätze gibt, die dem hier dargestellten Verständnis des klassischen Liberalismus entsprechen (Neubert et al. 2008). Die hier erfolgte Abgrenzung gegen den Linksliberalismus fußt auf dessen Trennung von privatem und öffentlichem Raum, womit Kultur zur privaten Angelegenheit wird. So bestehe WALZER zufolge keine Notwendigkeit einer Förderung zur Erreichung der Gleichstellung von Minderheitskulturen, solange die Grundrechte respektiert würden (1993: 114). Dieser Vorstellung nach könnten diese Minderheiten ihre Kulturen auf Grundlage der garantierten Grundrechte zwar leben, jedoch außerhalb des öffentlichen Raumes (Löffler 2011: 118). Dieses Konzept entspricht jedoch nicht dem Verständnis des Multikulturalismus.

TAYLOR betont, dass diese durch den Multikulturalismus ermöglichte Wertschätzung der Kulturen förderlich für eine individuelle Selbstentfaltung und Identitätsentwicklung sei und demnach die kulturellen Besonderheiten oder Bräuche berücksichtigt und anerkannt werden müssten (Taylor 1993: 13ff.). Die Lösung verspricht der liberale Multikulturalismus in der Gewährung gruppenspezifischer und damit auch kultureller Sonderrechte gegenüber den Minderheitskulturen und zielt auf dieser Weise auf die ausdrückliche Anerkennung und Repräsentation dieser durch Institutionen in der Gesamtgesellschaft ab (Baringhorst 2010: 93ff.).

Ein darüber hinausgehender Ansatz des Multikulturalismus kann verdeutlicht werden, indem der Multikulturalismus, wie beispielsweise bei TAYLOR, logisch weiterentwickelt und hinterfragt wird. So räumt PAREKH ein, dass dieses Gewähren kultureller Sonderrechte den Anschein eines Bruchs im Gleichheitsprinzip, worauf der Multikulturalismus aufbaue, erwecke (zit. nach Löffler 2010: 119). Eine logische Konsequenz wäre, den Einwanderern das Recht einzuräumen, ihre mitgebrachten kulturellen Praktiken in gleicher Weise, wie in ihren Herkunftsländern, auszuführen (Mesic zit. nach Löffler 2010: 124). Da unter diesen Bedingungen die Bewertung von Kulturen entfällt, bleibt nur die Anerkennung aller Kulturen und Lebensstile unter einem Minimum gemeinsamer Regeln, was jedoch im Angesicht der verschiedenen Kulturen kaum abschätzbar ist (Löffler 2010: 126f.). Bezugnehmend auf den Bruch des Gleichheitsprinzips müssten demnach auch die zugestandenen Rechte der Aufnahmegesellschaft eingeräumt werden, um ein Gleichheitsprinzip zu verwirklichen.

Ergo bleibt im Rahmen des liberalen Multikulturalismus als vertretbare Variante nur eine interkulturelle Kommunikation und daraus resultierende gemeinsame politische Beschlüsse (Löffler 2010: 121), was jedoch die Gefahr birgt, dass „nationalen Minderheiten das Recht zugesprochen wird, einen Sonderstatus zu reklamieren, bis hin zum Recht auf Separierung und Selbstregulierung" (Baringhorst 2010: 93).

3. Segregation

Allgemein versteht man unter Segregation die proportionale Verteilung von Bevölkerungsgruppen über Teileinheiten einer Einheit, also über das Stadtgebiet (Friederichs 1995: 79). Im raumanalytischen Kontext meint Segregation, vom lateinischen „segregare" für „Absondern" oder „Abtrennen" abstammend, sowohl den Zustand als auch den Prozess einer räumlichen Widerspiegelung sozialer Ungleichheit (Fassmann 2002: 13). Somit lässt sich Segregation als räumlicher Ausdruck der Sozialstruktur und der sozialen Ungleichheiten der Bevölkerung verstehen (Große Starmann & Schmidt 2008: 9), worauf sich der Begriff der sozialräumlichen oder auch residenziellen Segregation (Krummacher et al. 2003: 12) bezieht. Aus dieser Definition des Raumes ergeben sich je nach Merkmalen weitere Definitionen, darunter die demographische Segregation (räumliche Differenzierung der Bevölkerung nach Alter, Haushaltstyp oder Lebensphase) und die ethnische Segregation (räumliche Differenzierung nach Nationalität oder ethnischer Zugehörigkeit).

So alt wie die Stadt selbst, ist auch das Phänomen der Segregation, denn „seit es Städte gibt, gibt es Segregation" (Häußermann & Siebel 2001: 70). Gerade wegen dieses Phänomens galt die Stadt lange als „Integrationsmaschine" (Häußermann 1995: 96).

Dies ist damit zu erklären, dass die Assimilationstheorie bei ELWERT den Einwanderern die Möglichkeit der so genannten „Binnenintegration" einräumt. Diese segregierten Teile der Stadt bilden dann sozusagen eine „Heimat" in der Fremde, in der der anfängliche Schock der Immigration gemildert wird. Dabei stützen die ethnischen Communities die Neuankömmlinge in sozialer, ökonomischer und psychischer Hinsicht (Häußermann & Siebel 2001: 70). Wie schon im Kapitel 1.1.2 beschrieben dürfen sich diese Strukturen jedoch nicht verfestigen und dauerhaft werden, damit eine weitere Platzierung bzw. strukturelle Assimilation stattfinden kann. Die strukturelle Assimilation ist demnach Bedingung für die weitere Systemintegration, weshalb die Binnenintegration auch nur eine Möglichkeit für die erste oder zweite Einwanderergeneration darstellt. Diese Erscheinung von Segregation als Möglichkeit zur ersten Orientierung für Einwanderer in der Gesellschaft wird in der funktionalen Segregation beschrieben und die vermeidlich „schwierige" Systemintegration übergangsweise ausbalanciert (Heitmeyer 1998: 447).

Aus diesem gedanklichen „Hintergrund" der Assimilationstheorie wurden die kontrovers diskutierten „Parallelgesellschaften" zum Synonym für die strukturelle Segregation: Sie versteht sich als eine Art „Dauerprovisorium", in dem die Systemintegration dauerhaft gescheitert ist (ebd.). Dieser strukturellen Segregation ordnet ESSER in seiner vertikalen Ebene die ethnische

Schichtung zu, die in seiner Mobilitätsfalle, verstehend als das Unvermögen zum sozialen Aufstieg, endet. Im Zuge eines institutionellen Ausbaus der Opportunitäten innerhalb der Ethnie hätte dies die Abnahme des Assimilationsmotivs und damit auch ein Absinken von Investitionen in aufnahmelandspezifischen Ressourcen zur Folge (Esser 2010: 159f.). Deshalb sehen ESSER und HEITMEYER in der ethnischen Segregation Fallen, aus denen sich die zweite Generation nicht mehr befreien kann, und damit eine Abkehr der ethnischen Community von der Aufnahmegesellschaft (Gestring et al. 2006: 14). Gemäß Abb. 1 ist für ESSER die Segmentation das Gegenteil zur Assimilation. Unter Segmentation wird in diesem Zusammenhang auch eine „mangelnde Interaktion zwischen Angehörigen unterschiedlicher Ethnien" (Caballero 2009: 47) verstanden, wohingegen sich Segregation dementsprechend auf den räumlichen Aspekt des Wohnens bezieht. Hier greifen Segregation und Integration, dann oft verstanden als Desintegration, unmittelbar ineinander: dort, wo Segregation entsteht, werden interethnische Kontakte (in diesem Fall zwischen Aufnahme- und Einwanderungsgesellschaft) verringert, sodass zunächst die soziale Assimilation versagt und später auch die strukturelle, in Form einer nicht mehr möglichen Aufwärtsmobilität, erschwert wird.

Daraus ergibt sich eine weitere Definition der strukturellen Segregation, nämlich die Segregation in derer Folge der Sozialraum selbst Ungleichheiten produziert (Ceylan 2006: 47).

Deshalb muss ebenfalls zwischen freiwilliger und erzwungener Segregation differenziert werden. Hier liegt das Kernproblem der Segregation. So scheint die ethnische Segregation nach einer Einwanderung, beispielsweise auch durch Kettenmigration (Migranten migrieren in die ethnisch segregierten Viertel, da dieses ihnen Sicherheit verschafft), im Rahmen des Modells der Binnenintegration zunächst einmal freiwillig. Da jedoch Einwanderer in der Regel strukturell noch nicht integriert sind, also über keinen Arbeitsplatz oder über nur geringe Ressourcen verfügen, bleibt ihnen meist keine andere Möglichkeit als das Quartier mit niedrigen Mieten, also ein meist qualitativ schlechteres Wohnsegment, womit die Segregation, durch fehlende Teilhabe am gehobenen Wohnungsmarkt, erzwungen wäre.

Folglich ergibt sich bei der Bewertung von Segregation eine Ambivalenz: Stadtquartiere, die als „problematisch" eingestuft werden, werden von den Bewohnern selbst nicht negativ gewertet und verschaffen ihnen Zugehörigkeit. Auf der einen Seite kann das Quartier als Ressource der Lebensbewältigung dienen und auf der anderen Seite eine Beschränkung der Lebenschancen sein (Häußermann 2008: 340).

Diese Ambivalenz der Segregation ermöglicht eine Argumentation für den Multikulturalismus, wenn diese kein Problem darstellt. Schon NAUCK hat herausgefunden, dass Segregation die interethnischen Kontakte bzw. die Kontakte der Ethnie zur Aufnahmegesellschaft nicht zwangsläufig behindere (1988: 326) und auch FARWICK (2009) kommt diesbezüglich zu ähnlichem Ergebnis. Ebenfalls HÄUßERMANN kommt zu dem Schluss, dass ethnische Segregation, unter heutigen Bedingungen, die Kontakte zu Einheimischen nicht verhindere (2009: 242). So sei in der multikulturellen Gesellschaft das Kollektiv als Aggregat von Menschen in einem gesellschaftlichen Ganzen, durch eine Mehrzahl von Kulturen, zusammengesetzt und könne nur dann bestehen, wenn sie aus mehreren verschiedenen Subgesellschaften bestehe, die nebeneinander auf dem Territorium einer staatlich organisierten Gesamtheit existierten. Folglich ermögliche die multikulturelle Gesellschaft prinzipiell die ethnische Segregation (Caballero 2009: 47). Neuere Forschungsergebnisse weisen jedoch darauf hin, dass es einen Zusammenhang zwischen multikultureller Politik und einer fortgeschrittenen Segregation besteht (Koopmans 2010: 81). Die ethnischen Kolonien stellen dabei jedoch eine freiwillige Form dar (Heckmann 1991: 26). Die Potenziale einer entstandenen Migrantenökonomie sollten daher verstärkt werden, da sie zur Schaffung von Arbeit und Ausbildungsplätzen für Einwanderer vor Ort förderlich sind (Reimann 2008: 202).

Obwohl also neuere sozialwissenschaftliche Erkenntnisse darauf hindeuten, dass die ethnische Segregation und damit die Bildung von ethnischen Kolonien kein Problem für die strukturelle Integration der Einwanderer darstellt und damit einen Multikulturalismus prinzipiell möglich machen, gibt es jedoch stark negative Tendenzen der Segregation, die eine, oft propagierte notwendige, Trennung von ethnischer und sozial-räumlicher Segregation zunehmend schwierig machen. Die im Folgenden erläuterten, eine Segregation vorantreibenden Probleme, verstehen sich natürlich weniger als ethnische Probleme, sondern sind meistens soziale Probleme in unserer Gesellschaft, die jedoch im Zuge dessen die gesellschaftliche Stellung für Einwanderer verschlechtern können.

Zum einen vollzieht sich, im Rahmen der zunehmenden Tertiärisierung, ein sozioökonomischer Strukturwandel von der Industrie- zur Dienstleistungsgesellschaft. Dieser Prozess führt u.a. zu einer Entwicklung der sozial gespaltenen Gesellschaft (Farwick 2009: 113f.). Daher ging für die Migranten ein zentraler Integrationsfaktor verloren, sodass sie heute in viel höherem Maße von strukturbedingter Arbeitslosigkeit betroffen sind als Deutsche (Reimann 2008: 196). Dies wurde auch empirisch nachgewiesen, in dem Sinne, dass zwischen einem hohen Migrantenanteil und einem hohen Anteil armer Menschen ein Zusammenhang bestehe (Söhn & Schönwälder 2007: 86).

Zum anderen werden zunehmend Wohnungen aus kommunalem Bestand an private Wohnungsgesellschaften verkauft, im Zuge dessen sozialgebundene Wohnungsbestände verloren gehen (Siebel 2007: 124). Mit dem verlorenen Einfluss des Staates auf die Zuteilung von Wohnungen entscheiden zunehmend Marktprozesse. Der Wohnungsmarkt reguliert sich nach Qualität, Lage, aber vor allem nach sozialem Milieu also Prestige des Wohngebietes (Häußermann 2008: 342). Bezugnehmend auf die oft schlechter gestellte soziale Stellung der Migranten in der Gesellschaft, liegt es in der „Natur" der Marktwirtschaft, dass dort, wo die meisten armen Menschen wohnen, auch gleichzeitig die meisten Migranten wohnen (Strohmeier 2008: 12). Insofern ist es natürlich weniger die Ethnie oder die ethnische Segregation, die zum Prestigeverlust eines Quartiers beiträgt, sondern allgemein das soziale Milieu. Dennoch segregieren, genauso wie bei der deutschen Bevölkerung, die unteren Schichten der Migrantenbevölkerung am stärksten (Häußermann 2007: 239). Nicht trennbar ist die ethnische von der sozial-räumlichen Segregation insofern zugegen, dass die Ethnie erzwungenermaßen durch Regulation des Wohnungsmarktes segregiert wurde, dem Quartier jedoch zuteil geworden ist. Dieser Effekt wird durch eine Diskriminierung auf dem Wohnungsmarkt verstärkt, indem ausländische Haushalte mit mehr als fünf Mitgliedern länger auf eine Wohnung warten als deutsche Haushalte der selbigen Größe (Berendt et al. 1996: 100).

Die allgemeinen demographischen Veränderungen führen dazu, dass selbst unter Annahme einer jährlichen Nettozuwanderung von 200.000 Menschen bis zum Jahre 2050 der Anteil der unter 20 -jährigen auf 16 % sinken wird (Siebel 2007: 125). In Verbindung mit den fortgeschrittenen und weiter fortschreitenden Suburbanisierungstendenzen kommt es zu einer weiteren Separierung: vornehmlich deutsche Mittelschichtfamilien wandern ins Umland der Städte ab, wohingegen meist der arme Familiensektor d.h. ärmere, kinderreiche Familien in der Stadt zurückbleiben (Strohmeier 2008: 10ff.). Zu einer Verschärfung dieser Situation trägt der neu eingesetzte Gentrification-Prozess bei, infolgedessen vornehmlich Altbauwohnungen für eine junge kinderlose Bevölkerungsgruppe modernisiert werden, was zum Verlust von preisgünstigen Wohnmöglichkeiten führt (Ceylan 2006: 47f.). So wird schon „in weniger als einem Jahrzehnt […] die Mehrheit der jungen Erwachsenen, Kinder und Jugendlichen, zum Beispiel in den Städten im Ballungsraum an Rhein und Ruhr, „einen Migrationshintergrund" haben" (Strohmeier 2008: 11).

Diese Trends verdeutlichen, dass es im Zuge der beschriebenen Tendenzen selbstverständlich zu einer Zunahme der ethnischen Segregation in den Städten kommt. So lässt sich vermuten, dass diese Tendenzen ebenfalls in den Fokus der Wahrnehmung der Stadtgesellschaft gerückt ist, was die eingangs beschriebene Popularität des Wortes der Parallelgesellschaften erklären könnte. So warnt Luft vor einer sich „dynamisch entwickelnden Desintegration in den ethnischen Kolonien in deutschen Städten" (2006: 66). In einem Versuch sich dem abstrakten Begriff der Parallelgesellschaft in einer Definition zu nähern, sollten sechs Grundelemente einigermaßen empirisch präzise beobachtet werden können (Kandel 2004: 10):

1. ein Kommunikationsabbruch zur Mehrheitsgesellschaft
2. sozialökonomische Segregation bezüglich eines Aufbaus alternativer Ökonomien
3. Abgrenzung durch den Aufbau von Parallelinstitutionen
4. Verdichtung einer sozialen Kontrolle gegenüber der Mitglieder des sozialen Kollektivs
5. faktische Verhinderung der Inanspruchnahme der demokratischen Rechtsordnung
6. Forderung nach einer Ausbildung eines selbstverwalteten Rechtsbezirkes

Die gesamte ethnische Kolonie als Parallelgesellschaft zu definieren, wäre dennoch zu undifferenziert (Ceylan 2006: 256). Hingegen stellt sich die Frage, welche Auswirkungen die ethnische Segregation auf die Bewohner des Betroffenenquartiers hat. Die im Folgenden möglichen Kontexteffekte oder Quartierseffekte sind darüber hinaus in der sozialwissenschaftlichen Forschung zur Segregation stark umstritten (Häußermann 2007: 238).

Dabei wird angenommen, „dass räumliche Nähe bzw. soziale Ähnlichkeit von Personen dazu führt, dass Personen auch in anderen Merkmalen einander ähnlicher werden" (Alpheis 1988: 40). In diesem Fall bedeutet Integration eine Angleichung „an die ihrer jeweiligen Schichtlage entsprechende Subkultur" (Hoffmann-Nowotny 1973: 176). Dies wiederum sichert soziale Anerkennung (Häußermann 2007: 235) im ethnisch und sozial-räumlich segregierten Raum. Die Abwesenheit von so genannten „role models" könnte dazu führen, dass sowohl für die strukturelle Integration als auch kulturelle Integration in Form von Werten, Kulturtechniken und Verhaltensweisen der Mehrheitsgesellschaft nicht übernommen werden können (ebd). Diese sich verfestigenden und verstärkenden Problemlagen, ausgelöst durch eine „räumliche(n) Konzentration von Armen und Ausgegrenzten", könnten Fremdheitsgefühle bei der einheimischen Bevölkerung auslösen (ebd.: 236), die letztendlich durch eine negative Konnotation in Form des Wortes „Parallelgesellschaften" in der Gesamtgesellschaft verstärkt werden und zur Stigmatisierung und Diskriminierung einer Bevölkerungsgruppe beitragen und die Prestige bzw. das Ansehen dieser und des Quartieres letztendlich soweit retardieren, dass Quartiere entstehen, „die von der Mehrheitsgesellschaft gemieden werden" (Häußermann 2008: 335). Dieses Problem der zunehmenden Segregationstendenzen (ebd.: 341) stellt die Kommunalpolitik vor allem in Bezug auf die Organisation des Wohnraums und den Umgang mit Segregation schon heute, aber vor allem in Zukunft, vor zentrale Herausforderungen.

4. Integration vor Ort - Kommunale Integrationskonzepte im Umgang mit Segregation

Bis Anfang der 1970er Jahre gab es keine nennenswerte Kommunalpolitik, die sich mit dem Thema der Integration von Zugewanderten beschäftigte. Sie war zunächst im Feld der sozialen Arbeit zu verorten. Eine erste Thematisierung erfuhr die Integration im Zusammenhang mit der Familienzusammenführung ab 1973. Infolge des „Kühn-Memorandums" (1979) führte dies zwar nicht zu systematischen Integrationsprogrammen auf Bundesebene, sondern wurde in erster Linie auf der Ebene der Kommunen umgesetzt. Im Anschluss daran entwickelten einige Großstädte erste differenzierte Handlungskonzepte. Anfang der 1980er Jahre erfuhr dieser erste „Erkenntnisgewinn" bezüglich der Anwesenheit von dauerhaft niedergelassenen Migrantinnen und Migranten in Deutschland, die somit nunmehr nicht mehr zur Kategorie der Gastarbeiter zählten, vor dem Hintergrund der sich abzeichnenden „Krise des Sozialstaates", einen ersten Rückschlag. Diese Jahre waren von einer Politik der Abkehr von Einwanderung gekennzeichnet, die das Defizitäre und die Folgen der Einwanderung in den Betrachtungsmittelpunkt rückte und zwischen „Integrationswilligen" und „Integrationsunwilligen" unterschied. In den 1990er Jahren wurden konzeptionelle Grundlagen ausgearbeitet und weiterentwickelt, sodass erste Ansätze zur interkulturellen Öffnung zum Ausdruck kamen. Als Beispiel kann hier die Einrichtung eines „Amtes für multikulturelle Angelegenheiten" in Frankfurt am Main herangezogen werden. Doch die Asylbewerberzuwanderungen im Zuge der deutschen Einigung stellten die Städte zunehmend vor Probleme. Nichtsdestotrotz wurde die Entwicklung eines „multikulturellen Zusammenlebens" positiv bilanziert. Um die Jahrtausendwende gewannen kommunale Integrationspolitiken erheblich an Bedeutung. Bildungswissenschaftliche Debatten, u.a. ausgelöst durch die PISA-Studien, verwiesen auf die zunehmende Herausforderung der Kommunen. Nicht zuletzt erfuhren kommunale Integrationspolitiken durch einflussreiche Akteure, wie beispielsweise der Bertelsmann Stiftung oder der Schrader Stiftung, eine enorme Weiterentwicklung (Filsinger 2009: 280-288).

In dieser neuen Bedeutungszuschreibung wurde, auch durch die Anerkennung Deutschlands als Einwanderungsland, ein Paradigmenwechsel eingeleitet. Dieser kommt spätestens mit der Verabschiedung des Zuwanderungsgesetzes (2005) und des nationalen Integrationsplanes (2007) zum Ausdruck. Seither erfuhr die Kommunalpolitik bezüglich der Integration von Zuwanderern eine neue Organisation. So wurde diese zur „Querschnittsaufgabe", an der prinzipiell alle Fachpolitiken beteiligt sind. Die Erarbeitung von Maßnahmen erfolgt von Stabstellen gebündelt und bekommt eine neue symbolische Anerkennung, indem „Integration zur Chefsache" gemacht wird und der Organisation des Bürgermeisters obliegt. Die Ausarbeitung von Maßnahmen oder Konzepten erfolgt unter breiter Beteiligung gesellschaftlicher Gruppen, insbesondere Menschen mit Migrationshintergrund. Es ergeben sich in einer interkulturellen Öffnung der Institutionen und Politiken eine Abkehr vom Defizit-Ansatz, die Migranten als Ressource sehen und ihnen die Möglichkeit geben, sich als gleichberechtigte Partner bzw. Akteure am Prozess der Ausarbeitung zu beteiligen (Gestring 2011: 263f.).

Laut Grundgesetz sind die Angelegenheiten der örtlichen Gemeinschaft, also der Kommunen, in eigener Verantwortung zu regeln (GG §28.2). Dennoch stellen die Kommunen die unterste Ebene im administrativen Aufbau der Bundesrepublik dar und müssen einerseits gesetzlich vorgeschriebene Pflichtaufgaben erfüllen, haben jedoch andererseits Freiräume für eigene Handlungsfelder und Projekte (Gestring 2011: 261). Sie agieren somit in einer Doppelstruktur als Ausführungsorgane des Staates und als autonome politische Akteure gleichzeitig (Braulina 2007: 26). Eine Ausarbeitung eines kommunalen Integrationskonzepts unterliegt den freiwilligen Aufgaben der Kommunen, weshalb sie nicht verpflichtend ist (Gestring 2011: 261).

85 von 164 Städten ab 60.000 Einwohnern haben mittlerweile Maßnahmen zur Integration auf kommunaler Ebene entwickelt. 34 Städte befinden sich in der Planung eines kommunalen Integrationskonzepts. Sechs Städte verfügen über ein stadtteilbezogenes Integrationskonzept, welches zumeist in Verbindung zum Programm „soziale Stadt" steht (BBR 2008: 14f.).
Das ausschlaggebende Signal zur Ausarbeitung eines kommunalen Integrationskonzepts gab der 2007 veröffentlichte Nationale Integrationsplan der Bundesregierung, verbunden mit der Ansiedlung der Integrationsbeauftragten Böhmer als Staatsministerin im Kanzleramt. So werden Einzelaktionen in einem Integrationsmanagement koordiniert und danach in einem planmäßigen Vorgehen, wie schon erwähnt, unter Beteiligung der Bürgerinnen und Bürger umgesetzt. In einem Integrationskonzept sollen zentrale Vorstellungen für ein friedliches Zusammenleben von Menschen mit und ohne Migrationshintergrund, unter größtmöglicher Beteiligung, in einem Gesamtkonzept zusammengefasst und über sämtliche Bereiche innerhalb der Kommune koordiniert werden. Dies soll u.a. durch die Schaffung eines öffentlichen Klimas, der Anerkennung und Wertschätzung bzw. in einem interkulturellen Dialog geschehen (Schröer o.J.: 4-9).
Der Aufbau eines solchen Konzeptes sieht zunächst einleitende Bemerkungen vor, in denen eine Definition, darüber was die Kommune selbst unter Integration versteht, erfolgt. Danach wird die Ausgangslage, in der sich die Kommune befindet, skizziert und Maßnahmen gemäß

definierter kommunaler Handlungsfelder dargelegt. Zum Teil werden daran anschließend festgelegte Ziele definiert, deren Indikatoren eine Überprüfbarkeit erlauben, sodass ein zukünftiges Controlling bzw. eine gezielte Evaluation erfolgen kann (ebd.: 10ff.).

Wohingegen hinsichtlich der ethnischen Segregation bisher die soziale Mischung als allgemein geteiltes Leitbild, fast schon das Mantra der Stadtpolitik, galt (Häußermann 2008: 337), wird heute von diesem durchmischungsgeprägten Leitbild der Integration zögerlich Abstand genommen (Reimann 2008: 200). Diesbezüglich spricht FILSINGER von einer unübersehbaren Tendenz zur Konvergenz bezüglich der Strategien von Konzepten (2009: 287) und auch GESTRING bestätigt diese „inhaltlichen Ambivalenzen" (2011: 265).

Ein Handlungsfeld ist das „Wohnen und Zusammenleben im Stadtteil". Unter Berücksichtigung dieses Handlungsfeldes wird im Folgenden exemplarisch an drei städtischen Integrationskonzepten eine Analyse bezüglich des Umgangs mit Segregation erfolgen. Dabei gilt es zu prüfen, inwiefern an dem Dogma der sozialen Mischung festgehalten wird bzw. im Rahmen des Paradigmenwechsels eine Integration trotz Segregation erfolgt. Ersteres würde dem Gedanken der Assimilation bzw. der Binnenintegration bezüglich einer Verhinderung einer dauerhaften ethnischen Segregation gleichkommen, letzteres dem Gedanken des Multikulturalismus in Bezug auf eine Akzeptanz solcher Strukturen.

Zunächst erfolgte eine grobe Sichtung von insgesamt 28 kommunalen bzw. städtischen Integrationskonzepten bezüglich des oben genannten Handlungsfeldes. Da sich herausstellte, dass die Konzepte einen sehr unterschiedlichen Umfang (von 25 Seiten bis zu 170 Seiten) aufweisen, erfolgte eine weitere Auswahl anhand von zwei Kriterien:

1. Umfang von mindestens ca. 50 Seiten
2. mindestens eine Seite zum beschriebenen Handlungsfeld

Danach wurden folgende drei Einordnungskategorien festgelegt:

- Kategorie 1: Konzepte, die weitgehend der multikulturalischen Sichtweise entsprechen
- Kategorie 2: Konzepte, die weitgehend gemischte Sichtweise aufweisen, Segregation jedoch mit unterschiedlichen Maßnahmen kompensieren oder ausgleichen wollen
- Kategorie 3: Konzepte, die weitgehend der assimilatorischen Sichtweise entsprechen

Darüber hinaus wurde sichergestellt, dass die ausgewählten Konzepte exemplarisch für mindestens ein weiteres Konzept unter den 28 vorausgewählten Konzepten stehen, damit das am Ende ausgewählte Konzept keine Ausnahme bildet.

4.1 Konzept der Kategorie 1

Unter die erste Kategorie fällt das Integrationskonzept der Stadt Wiesbaden. Für die Kommunalpolitik in Wiesbaden bilden die „Pluralität und kulturelle Vielfalt" das „Kernstück der urbanen Normalität", deren Potenziale und Ressourcen nutzbar gemacht werden sollen. Von dieser Pluralität verspricht man sich „attraktive Veränderungen und Wachstum". „Die Wertschätzung kultureller Vielfalt ist Chance und Herausforderung in allen Bereichen des Zusammenlebens" (Stadt Wiesbaden o.J.: 36).

An dieser Stelle erkennt man die soziale Wirklichkeit der kulturellen Pluralität in der heutigen westlichen Gesellschaft an (Löffler 2011: 101), sieht die verschiedenen Kulturen als Chance und Bereicherung und leitet daraus ein Modell des besseren Zusammenlebens ab (Neubert et al. 2008: 20).

„Kulturelle Vielfalt manifestiert sich damit auch im Stadtbild und ist ein Grundzug der modernen Stadtentwicklung. Damit verschwindet nicht die Unterschiedlichkeit der Stadtteile, vielmehr gehört dazu auch die Akzeptanz insofern verschiedener Stadtteile und Quartiere, als es solche mit größerer und auch mit geringerer Vielfalt in sich gibt" (Stadt Wiesbaden o.J.: 37).

An dieser Stelle wird die ethnische Segregation akzeptiert, jedoch keineswegs negativ gesehen. Der Zusammenhang mit der sozial-räumlichen Segregation wird ausgeblendet und die ethnische Segregation als positive Folge der neuen multikulturellen Stadtgesellschaft gesehen. Lediglich in den verhandelten Zielen für die nächsten fünf Jahre ist auf das Stadterneuerungsprojekt der sozialen Stadt verwiesen, infolgedessen eine bauliche Stadtteilaufwertung erfolgen könnte (ebd.: 38)

Zuletzt sollen „persönliche Begegnungen zwischen einheimischen und Migranten" gestärkt werden und eine „interkulturelle Öffnung und anderen gesellschaftlichen Gruppen und Institutionen" erwirkt werden (ebd.: 37f.).

Hier soll der Rahmen für eine Koexistenz von Gruppen unterschiedlichster Lebensweise (Taylor 1993: 49ff.) geschaffen werden und eine Annäherung der pluralistischen Gesellschaft stattfinden.

Des Weiteren soll die Stadtentwicklung „attraktive Räume und Orte schaffen, die zur positiven Identifikation der verschiedenen Kulturen einen Beitrag leisten" (Stadt Wiesbaden o.J.: 37). Diesbezüglich wird in den Handlungszielen folgendes vereinbart: „Die Planung und Sicherung von Standorten für Moscheen mit dazu gehörenden sozialen Einrichtungen sowie von

Gebetshäusern anderer Religionsgemeinschaften wird als reguläre Aufgabe der planenden Verwaltung erfüllt" (ebd.: 38).

Insgesamt lässt sich daher das kommunale Integrationskonzept der Stadt Wiesbaden als vollständig multikulturell beschreiben. Die oben erläuterten Ansichten, im Rahmen derer die multikulturelle Gesellschaft als Chance begriffen wird, unter gleichzeitiger durchweg positiver Bewertung der sozial-räumlichen Segregation, erlauben die Einordnung in die Kategorie des naiven Multikulturalismus. Dies kann letztendlich dadurch unterstrichen werden, dass im gesamten Wiesbadener Konzept nicht einmal das Wort „Segregation" fällt.

4.2 Konzept der Kategorie 2

In diese Kategorie lässt sich das Integrationskonzept der Stadt Berlin einordnen. Es ist weitgehend multikulturell, betrachtet jedoch die ethnische Segregation unter dem Aspekt der Binnenintegration, die sich wiederum zur Assimilation zählen lässt.

Zu Menschen mit Migrationshintergrund wird geschrieben, dass „ihre kulturellen Gepflogenheiten und religiösen Rituale" das „Kiezleben" bereichern und das sich daraus erwachsende Potenzial „in die Gestaltung des Gemeinwesens einfließen" lassen soll. Das Zusammenleben soll beispielsweise durch „Projekte in Kooperation zwischen sozialen Einrichtungen und Migrantenvereinen" gestärkt werden. Die Bewohner sollen in die „Gestaltung des Sozialraums" einbezogen werden (Stadt Berlin 2007: 47f.).
Auch hier werden im Gedanken des Multikulturalismus die Kulturen als Chancen und Bereicherung gesehen und daraus ein besseres Zusammenleben abgeleitet. Auch die Partizipation über die Gestaltung des Sozialraums der Migranten wird ermöglicht.

Entgegen des Wiesbadener Integrationskonzepts werden in Berlin die sich aus dem Zusammenspiel von ethnischer und sozial-räumlicher Segregation ergebenden Probleme erkannt. So heißt es: „Dort jedoch, wo soziale und ethnische Segregation zusammentreffen, soziale Benachteiligungen und eine geringe Bildungsbeteiligung vorrangig die zugewanderte Bevölkerung und ihre Nachkommen betreffen, kann es zur sozialen Abkoppelung einzelner Sozialräume von der restlichen Stadtgesellschaft kommen. Hier bedarf es verstärkter ressortübergreifender Anstrengungen, um belastete Stadtteile [...] zu stabilisieren und einer steigenden sozialen und ethnischen Segregation vorzubeugen bzw. ihre Auswirkungen abzumildern" (ebd.: 47).

Weiter wird jedoch ebenfalls deutlich, dass die Berliner Kommunalpolitik die ethnisch segregierten Quartiere nicht als Dauerstadium anerkennt: „Ethnisch geprägte Nachbarschaften geben Einwanderer Familien in der Phase der Neuorientierung ein Gefühl von Geborgenheit und Anerkennung. Sie können den Integrationsprozess […] erleichtern." (ebd.)

Hier klingt der Gedanke der Binnenintegration an, der dem Konzept der Assimilation zuzuordnen ist. Unter Betrachtung der beteiligten Akteure scheint es nicht verwunderlich, dass auf die Dauerhaftigkeit nicht konkret aufmerksam gemacht wird. Denn nicht zuletzt hat der Berliner Bezirksbürgermeister Heinz Buschkowsky im Wesentlichen dazu beigetragen, dass der Terminus der Parallelgesellschaften in der Vergangenheit eine zunehmend häufige Verwendung gefunden hat (Worbs 2009: 229). So verdeutlicht folgendes Zitat Buschkowskys assimilatorische Haltung: „Eine Parallelgesellschaft in abgekapselter, von außen unzugänglicher Form mit eigenen Verhaltensnormen und Regeln, die nicht denen der Mehrheitsgesellschaft entsprechen, birgt die Gefahr des rechtsfreien Raums und des Entstehens von Lebenswelten jenseits unserer Verfassungsnorm" (ebd.).

Dies verdeutlicht, im Falle eines Mitwirkens Buschkowskys, dass diese, trotz multikultureller Ausrichtung des Berliner Integrationskonzepts, eine Tendenz zur Interessengeleitetheit aufweisen können und abhängig von den parteiprogrammatischen Ansichten sowohl auf kommunaler Ebene als auch auf Bundesebene sind.

Ein weiteres Beispiel dafür könnte die zu erkennende Ambivalenz sein, die das Konzept aufweist. So schaffe „die lokal verankerte ethnische Ökonomie […] in Gebieten mit hoher Erwerbslosigkeit Arbeitsplätze" (Stadt Berlin 2007: 47). Diese Auffassung hingegen bekräftigt wieder den Gedanken zum Multikulturalismus.

4.3 Konzept der Kategorie 3

Ein Konzept, welches dem Gedanken der Assimilation sehr nahe kommt, ist das der Stadt Oberhausen.

Wenngleich in dem 170-seitigen Integrationskonzept nicht mehr als ein Prozent zur Stadtplanung und Stadtentwicklung geschrieben steht, werden die Vorstellung diesbezüglich auf den Punkt gebracht: „Die konkreten Wohn- und Lebensbedingungen in den Stadtteilen, aber insbesondere in den Quartieren, stellen auch einen Gradmesser für die Integration Zugewanderter dar. Segregation und ethnische Konzentration von Arbeitslosigkeit und Armut in den Stadtteilen sind Kennzeichen misslungener Integration" (Stadt Oberhausen o.J.: 69).

An dieser Stelle wird der oftmals vermutete lineare Zusammenhang zwischen Segregation und Integration deutlich. Je niedriger nämlich der Segregationsindex, desto gelungener sei die Integration oder je höher die Segregation, desto weniger gelungen sei die Integration. Dieser in der sozialwissenschaftlichen Diskussion stark umstrittene Ansatz, stellt die Segregation als Gradmesser für Integration dar und ist eindeutig der Theorie der Assimilation zuzuordnen. So gilt es „Segregation und ethnische Benachteiligung abzufedern und präventiv zu unterbinden" (ebd.). Darüber hinaus lässt sich dies in gesteigerter Form auch in den Zielvereinbarungen wieder finden. Dort ist von „Vermeidung/ Abbau von Segregation […] durch Förderung sozialer Durchmischung" (ebd.: 78) die Rede, womit das alte Mantra der Stadtpolitik wieder Verwendung findet.

Ebenfalls in diesem Konzept wird auf das Projekt zur „Sozialen Stadt" verwiesen und nicht zuletzt ein Dialog „gepflegt" werden (ebd.: 69).

Da das Oberhausener Integrationskonzept nicht als einziges auf einen solchen Dialog verweist, soll die sich dahinter verbergende Problematik an dieser Stelle thematisiert werden. Demnach erheben islamische Verbände den Vorwurf, dass hinter dem von der Politik Deutschlands verwendeten Integrationsbegriff in Wirklichkeit eine Assimilation betrieben würde. Folglich wird eine assimilatorische Integrationsvorstellung scharf abgelehnt. Darüber hinaus sei die institutionelle Verankerung des Islams auf Ebene des politischen Systems das Ziel dieser Verbände. (Löffler 2011: 262f.). Zusammenfassen lässt sich dieses Integrationsverständnis unter einem Radikalmultikulturalismus (ebd.: 267).

Unter Einbeziehung der Integrationsvorstellungen mancher Konzepte, wie auch im Oberhausener Integrationskonzept, könnte sich dieser gewollte Dialog zwischen der Kommunalpolitik und den beteiligten islamischen Vertretern bzw. Verbänden, unter dem Gesichtspunkt dieser stark divergierenden Vorstellungen, als äußerst problematisch erweisen.

5. Fazit

Die in der Einleitung beschriebenen divergierenden Vorstellungen von Integration kommen auch in den Integrationskonzepten zum Ausdruck. Viele Konzepte, wie auch das Wiesbadener Integrationskonzept, orientieren sich am Multikulturalismus. Von Vorstellungen der Assimilation bzw. in diesem Fall der Akkulturation (als Angleichung an die deutsche Kultur) wird im größten Teil der Konzepte weitgehend Abstand genommen. Viele Kommunen sehen hingegen die ethnische Segregation als hochgradiges Problem an und schreiben sogar teils in den Konzepten von zu vermeidenden „Parallelgesellschaften". Die unterschiedliche Bewertung von Segregation, bis hin zur oftmals kritisierten Gleichsetzung von Segregation mit Desintegration, lässt sich hauptsächlich auf die Integrationstheorien selbst zurückführen, da nur sehr wenige und zum Teil auch widersprüchliche empirische Ergebnisse vorliegen. Da es aber keine einheitliche Verwendung von Sprache in der Wissenschaftstheorie gibt, entzündet sich die Auseinandersetzung schon an Begriffen und Definitionen. Einseitig gesetzte Definitionen dienen aber oft nur der Problemreduktion die mittels verschiedener Immunisierungsstrategien gegen Kritik geschützt werden können. Die Gefahr der Ideologisierung in der Wissenschaft durch einseitig zum Ausdruck gebrachte Interessen oder der Dogmatisierung bestimmter Theorien, lassen Tendenzen erkennen, die bis hinunter zur Kommunalpolitik ihre Wirkung entfalten können. Dies konnte schon anhand dessen gezeigt werden, dass Konzepte gefunden wurden, die sowohl größtenteils vollständig dem Multikulturalismus, als auch welche, die größtenteils vollständig der Assimilation, zuzuordnen sind.

Wie in der Arbeit zu erkennen gibt es keine nennenswerte Alternative zu den beiden Gegensätzen des Multikulturalismus auf der einen und der Assimilation auf der anderen Seite. Der von der Politik oftmals angestrebte an dieser Stelle durch einen Diskurs zu erreichende Konsens kann hier nicht erzielt werden, wenn man die Bürgerinnen und Bürger mit Migrationshintergrund wirklich nachhaltig und ernstzunehmend an politischen Entscheidungsprozessen partizipieren lassen möchte. Dieses zeigt sich besonders in der Debatte um die Einführung eines Kommunalwahlrechts, auch für nicht EU-Bürger.

Wie im Integrationskonzept der Stadt Wiesbaden gezeigt, wird in Deutschland der naive Multikulturalismus vertreten. Ein liberaler Multikulturalismus, und noch weniger ein radikaler, wäre in Deutschland kaum denkbar. So müsste es, wie beschrieben, zu einer Gesetzesänderung kommen, im Rahmen derer ethnischen Minderheiten Sonderrechte eingeräumt würde. Wenn die Bundeskanzlerin Angela Merkel sagt, dass der Multikulturalismus in Deutschland gescheitert sei (Parteitag der Jungen Union, Oktober 2010), hat sie nur bedingt Recht. Dahingehend beweist dieser Ausspruch, dass auch sie den liberalen und radikalen Formen dieser Theorie keine Chance in Deutschland einräumt, die Analyse der Konzepte hingegen hat gezeigt, dass hierzulande sehr wohl ein Multikulturalismus, wenn auch nur in naiver Form, betrieben wird. Bezüglich des angestrebten Dialogs wäre es denkbar, dass beispielsweise die Oberhausener Kommunalpolitik mit ihrer assimilationspolitischen Integrationsvorstellung keine andere Möglichkeit hat, als in Verhandlungen mit beispielsweise Migrantenvereinen fortlaufend Zugeständnisse in Richtung Multikulturalismus machen zu müssen. Dieses Dilemma führt auch im Zuge einer quantitativen Zunahme der Menschen mit Migrationshintergrund sowohl auf Bundes- wie auf kommunalpolitischer Ebene mehr und mehr zu einer „Politik der Zugeständnisse". Als Beispiel könnte die Einführung des Islamunterrichts an öffentlichen Schulen angeführt werden, der sich auf das Grundgesetz Art.4 bezüglich Religionsfreiheit berufen kann, obwohl der Status als Religionsgemeinschaft, mit Ausnahme der Aleviten, rechtlich nicht anerkannt ist.

Meiner Meinung nach drückt sich die erstrebenswerte Form des Multikulturalismus in einer Möglichkeit zur freiwilligen Segregation aus, sodass sich in Folge pluralistische multiethnische Mittelschichten mischen und nebeneinander eine konfliktarme multikulturelle Gesellschaft ohne Diskriminierung bilden. Weil angesichts der vorangeschrittenen „Paarung" von sozial-räumlicher und ethnischer Segregation dieser Gedanke unmöglich zu sein scheint, liegt es nahe, den Multikulturalismus, wie Frau Merkel auch, als gescheitert zu betrachten.

Dann stelle sich jedoch die Frage, welche Form der Integration in Deutschland vertreten wird. Bei einer Fortführung dieses Gedankens erscheinen die meisten Kommunalpolitiken als resigniert, da sie nun vom ehemaligen „Mantra" der Durchmischung Abkehr genommen haben und in vielen Kommunen nun eine „Integration trotz Segregation" erfolgt. Folglich scheint eine Art „Schadensbegrenzung" und Kompensation der Folgen der sozial-räumlichen Segregation betrieben zu werden.

Sarrazin traf in der Integrationsdebatte einen wunden Punkt. Er polarisierte zwischen den Anhängern der Assimilation und des Multikulturalismus. Dabei sind viele seiner Aussagen eigentlich nicht neu, was Anhand seiner umfangreichen Quellenangaben (weit über 500) belegt ist, jedoch hat seine tabulose Polemik, wie in meiner Einleitung bereits bemerkt, erst eine öffentliche Diskussion in Gang gesetzt. Dennoch scheinen sich in dieser Debatte, zumal auch in den öffentlichen Medien nicht immer sachlich argumentiert wird, negativ wahrgenommene Begriffe wie Multikulturalismus und Assimilation nicht gegen das eher positiv konnotierte und, wie bereits dargestellt, wenig aussagekräftige Wort „Integration" durchsetzen können. Die Segregation hingegen wurde durch das Wort „Parallelgesellschaften" soweit retadiert, dass es zum Synonym mangelnder Integration wurde. Hier kommt die Politik mit ihren Handlungsmöglichkeiten an ihre Grenzen.

Wir stehen in diesem Fall, vor allem als Gesellschaft, vor einer Reihe von Problemen, die hoch komplex sind. Alleine eine Definition des Wortes „Kultur" könnte unzählige Diskussionen hervorrufen. In einer multikulturellen Gesellschaft wird das Stadtleben zukünftig mehr denn je davon geprägt sein, dass sich ein großer Teil der Einwohner in bestimmten Stadtvierteln besonders auf sozialer Ebene unterscheidet. Eben weil Segregation sich nur teilweise verhindern lässt.

So wie die multikulturelle Gesellschaft auf der einen Seite eine Bereicherung sein kann, ist sie auf der anderen Seite eine Herausforderung. Und diese Herausforderung ist eine Herausforderung der Gesellschaft und nicht nur der Politik.

Der Rahmen einer „political correctness" kann jedoch nicht darüber hinwegtäuschen, widersprüchliche Wahrnehmungen schlichtweg zur Kenntnis zu nehmen. Wie ist es sonst möglich, dass einerseits bereits konservativen Strömungen aus der Mitte der Gesellschaft eine „rechts nationale" Gesinnung unterstellt wird, andererseits solche Tendenzen im Kontext einer ethnischen Minderheit nicht im öffentlichen Bewusstsein wahrgenommen wird? Als Beispiel ließen sich hier „streng türkisch-nationalistisch" ausgerichtete Gruppierungen wie die „Grauen Wölfe" anführen, denen relativ ungehindert die Anmietung der Grugahalle Essen ermöglicht wurde und selbst mit 5000 Besuchern kein überregionales Echo gefunden hat (Der Westen 2011). Außerdem sind Aussagen wie die des türkischen Ministerpräsidenten Erdogan: „Assimilation ist ein Verbrechen gegen die Menschlichkeit" (Köln Stadthalle 10.02.2008) hinsichtlich einer gewünschten Versachlichung und Enttabuisierung im Diskurs, eher als kontraproduktiv einzuschätzen.

Bezüglich eines geplanten „Integrationsmonitorings", also einer Evaluation der in den kommunalen Integrationskonzepten vereinbarten Ziele anhand von Indikatoren, stellt sich die Frage, ob dies in Anbetracht der erläuterten divergierenden Integrationsvorstellungen überhaupt möglich ist.

Auch angesichts einer bereits erwähnten Finanznot vieler Kommunen ist es fraglich, wie lange eine Stadtteilaufwertung zur Verhinderung von Segregation überhaupt möglich ist. Wahrscheinlich nur so lange, wie eine Finanzierung auf Bundesebene, beispielsweise durch das Programm der sozialen Stadt, gegeben ist.

Da sich anscheinend eine vorangeschrittene Segregation mit verstärkenden Tendenzen nur sehr spärlich verhindern lässt, könnte trotzdem, meiner Meinung nach, folgende Möglichkeit in Betracht gezogen werden, die zu einer Verbesserung der Situation führen könnte.

Speziell die Zugehörigkeit der Migranten, die zur sozialen Unterschicht gehören, scheinen in ihrer sozial-räumlichen Segregation ein zukünftiges Problem darzustellen. Eine Lösung könnte eine Aufwärtsmobilität der Folgegenerationen der Migranten in die soziale Mittelschicht sein, die nur durch eine Verbesserung der Bildungschancen erreicht werden kann. Bezogen auf bestimmte Stadtviertel lässt sich Segregation auch zunehmend in Schulen nachweisen in denen sich ein Anteil von teilweise über 90 % der Schüler mit Migrationshintergrund befindet. So ließe sich wahrscheinlich empirisch beweisen, dass genau darin ein Kern des Problems liegt und dies, beispielsweise durch Sprachdefizite, zu einer Abwärtsspirale führen kann. Denn: Assimilation ist oft nur eine Angleichung „an die ihrer jeweiligen Schichtlage entsprechende Subkultur" (Hoffmann-Nowotny 1973: 176) und zwar vor allem an das Milieu des Quartieres. Um dem entgegenzuwirken müsste eine soziale Mischung in den Schulen verwirklicht werden. Dies könnte beispielsweise durch ein Schulbussystem, ähnlich wie in den USA, gestützt werden. Infolgedessen könnte Segregation in den Schulen verhindert werden.

Darüber hinaus möchte ich zum Schluss darauf hinweisen, dass Toleranz in einer pluralistischen Gesellschaft unabdingbare Vorrausetzung in einem Dialog ist, der auf „Augenhöhe" geführt wird, gegenseitigen Respekt abverlangt, Kritik nicht negativ auffasst, sondern zu einer differenzierteren und selbstreflektierteren Wahrnehmung führt.

Literaturverzeichnis

Alpheis, H. (1988): Kontextanalyse. Konstanz.

Aumüller, J. (2009): Assimilation: Kontroversen um ein migrationspolitisches Konzept. Bielefeld.

Baringhorst, S. (2010): Zu neueren Entwicklungen der Integrationspolitik in Großbritannien und Australien. Zur Theorie des Multikultrualismus. In: Hentges, G.; Hinnenkamp, V.; Zwengel, A. (Hg.): Migrations- und Integrationsforschung in der Diskussion: Biografie, Sprache und Bildung als zentrale Bezugspunkte. 2. aktual. Aufl. Wiesbaden: 91-112.

Bauböck, R. (2001): Integration von Einwanderern – Reflexion zum Begriff und seinen Anwendungsmöglichkeiten. In: Waldrauch, H. (Hg.): Die Integration von Einwanderern. Ein Index der rechtlichen Diskriminierung. Frankfurt a. M.: 25-52.

Berendt, U.; Eichener, V.; Höbel, R.; Schüwer, U. (1996): Vermittlungschancen verschiedener Gruppen von Wohnungssuchenden: Eine empirische Untersuchung über Wohnungssuchende in Dortmund. Bochum.

Bertelsmann Stiftung (Hg.) (2011): Diversität gestalten - Erfolgreiche Integration in Kommunen: Handlungsempfehlungen und Praxisbeispiele. (Broschüre) Gütersloh.

Braulina, T. (2007): Integration und interkulturelle Konzepte in Kommunen. In: Aus Politik und Zeitgeschichte 22-23: 26-32.

Broszinsky-Schwabe (2010): Integration. In: Lewinski-Reuter, V.; Lüddemann,S. (Hg.): Glossar Kulturmanagement. Wiesbaden.

Bundesamt für Bauwesen und Raumordnung (BBR) (2008): Migration/Integration und Stadtteilpolitik. Eine ExWoSt-Studie. Bonn.

Caballero, C. (2009): Integration und politische Unterstützung: Eine empirische Untersuchung unter Ausländern. Wiesbaden.

Ceylan, R. (2006): Ethnische Kolonien: Entstehung, Funktion und Wandel am Beispiel türkischer Moscheen und Cafés. Wiesbaden.

Deutscher Städtetag (2007): Forum D: „Integration trotz Segregation?" - Was kann die Stadtentwicklungsplanung angesichts des Demografischen Wandels für die sozialräumliche Integration leisten? - München.http://www.staedtetag.de/imperia/md/content/schwerpunkte/hv2007/5.pdf [23.01.2012]

Die Bundesregierung (2007): Der nationale Integrationsplan. Neue Wege – Neue Chancen. Berlin.

Esser, H. (1980): Aspekte der Wanderungssoziologie. Assimilation und Integration von Wanderern, ethnischen Gruppen und Minderheiten. Eine handlungstheoretische Analyse. Darmstadt und Neuwied.

Esser, H. (2001): Integration und soziale Schichtung . Arbeitspapiere – Mannheimer Zentrum für Europäische Sozialforschung Nr. 40. Mannheim.

Esser, H. (2006): Strukturelle Assimilation und ethnische Schichtung. In:Ittel, A.; Merkens, H. (Hg.): Interdisziplinäre Jugendforschung: Jugendliche zwischen Familie, Freunden und Feinden. Wiesbaden: 89-104.

Esser, H. (2010): Integration, ethnische Vielfalt und moderne Gesellschaft. In: Wienand, J.; Wienand, C. (Hg.): Die kulturelle Integration Europas. Wiesbaden: 143-169.

Filsinger, D. (2009): Entwicklung, Konzepte und Strategien der kommunalen Integrationspolitik. In: Gesemann, F.; Roth, R. (Hg.): Lokale Integrationspolitik in der Einwanderungsgesellschaft. Migration und Integration als Herausforderung von Kommunen. Wiesbaden: 279-296.

Farwick, A. (2009): Segregation und Eingliederung: zum Einfluss der räumlichen Konzentration von Zuwanderern auf den Eingliederungsprozess. Wiesbaden.

Fassmann, H. (2011): Konzepte der (geographischen) Migrations- und Integrationsforschung. In: ders.; Dahlvik, J. (Hg.): Migrations- und Integrationsforschung – multidisziplinäre Perspektiven. Ein Reader. Wien: 57-88.

Friedrichs, J. (1995): Stadtsoziologie. Opladen.

Friedrichs, J.; Jagodzinski, W. (1999): Theorien sozialer Integration. In: Friedrichs, J.; Jagodzinski, W. (Hg.): Soziale Integration. Sonderheft 39/1999. Kölner Zeitschrift für Soziologie und Sozialpsychologie. Opladen: 9-43.

Gestring N.; Janßen, A.; Polat, A. (2006): Prozesse der Integration und Ausgrenzung: Türkische Migranten der zweiten Generation. Wiesbaden.

Gestring N. (2011): Kommunale Kozepte zur Integration von Migranten. In: Hanesch, W. (Hg.): Die Zukunft der „sozialen Stadt". Wiesbaden: 257-274.

Gordon, M. (1964): Assimilation in American Life. The Role of Race, Religion and National Origin. New York.

Große Starmann, C.; Schmidt, K. (2008): Soziale Segregation lokal gestalten. In: Bertelsmann Stiftung (Hg.): Demographie konkret - Soziale Segregation in deutschen Großstädten: Daten und Handlungskonzepte für eine integrative Stadtpolitik. (Broschüre) Gütersloh.

Gruber, M. (2010): Integrationspolitik in Kommunen: Herausforderungen, Chancen, Gestaltungsansätze. Wien.

Han, P. (2005): Soziologie der Migration. Erklärungsmodelle. Fakten. Politische Konsequenzen. Perspektiven. 2. überarb. Aufl., Stuttgart.

Han, P. (2006): Theorien zur internationalen Migration. Stuttgart.

Hans S. (2010): Assimilation oder Segregation? Anpassungsprozesse von Einwanderern in Deutschland. Wiesbaden.

Häußermann, H. (1995): Die Stadt und die Stadt-Soziologie. Urbande Lebensweise und die Integration des Fremden. In: Berliner Journal für Soziologie 1/95: 89-98.

Häußermann & Siebel (2001): Integration und Segregation – Überlegungen zu einer alten Debatte. In: Zeitschrift für Kommunalwissenschaften (DFK) (40): 68-79.

Häußermann, H. (2007): Effekte der Segregation. Bonn.

Häußermann, H.; Läpple, D.; Siebel, W. (2008): Stadtpolitik. Frankfurt am Main.

Häußermann, H. (2008): Wohnen und Quartier. Ursachen sozialräumlicher Segregation. In: Huster, E.; Boeckh, J.; Mogge-Grotjahn, H. (Hg.): Handbuch Armut und Soziale Ausgrenzung. Wiesbaden: 335-348.

Häußermann, H. (2009): Behindern "Migrantenviertel" die Integration? In: Gesemann, F.; Roth, R. (Hg.): Lokale Integrationspolitik in der Einwanderungsgesellschaft. Migration und Integration als Herausforderung von Kommunen. Wiesbaden: 235-246.

Heckmann, F. (1992): Ethnische Minderheiten, Volk und Nation. Soziologie interethnischer Beziehungen. Stuttgart.

Heckmann, F. (1997): Integration und Integrationspolitik in Deutschland. Bamberg.

Heckmann, F. (2005): Bedingungen erfolgreicher Integration. Bayreuth.

Heitmeyer W. (1998): Versagt die "Integrationsmaschine" Stadt? Zum Problem der ethnisch-kulturellen Segregation, Zweckentfremdung, Entzivilisierung. In: Heitmeyer, W.; Dollase, R; Backes, O. (Hg.): Die Krise der Städte. Analysen und Folgen desintegrativer Stadtentwicklung für das ethnisch-kulturelle Zusammenleben. Frankfurt am Main: 443-467.

Hillmann, K. (2007): Wörterbuch der Soziologie. Stuttgart.

Hoffmann-Nowotny, H. (1973): Soziologie des Fremdarbeiterproblems. Eine theoretische und empirische Analyse am Beispiel der Schweiz. Stuttgart.

Hoffmann-Nowotny, Hans-Joachim (1990): Integration, Assimilation und „plurale Gesellschaft". Konzeptuelle, theoretische und praktische Überlegungen. In: Rein, D.; Höhn, C. (Hg.): Ausländer in der Bundesrepublik Deutschland. Boppard am Rhein: 15-31.

Kandel, J. (2004): Organisierter Islam in Deutschland und gesellschaftliche Integration. o.O. http://library.fes.de/pdf-files/akademie/online/50372.pdf [25.01.2012]

Kluge, F.; Seebold, E. (2002): Etymologisches Wörterbuch der deutschen Sprache. 24. Aufl., Berlin.

Koopmans, R. (2010): Der Zielkonflikt von Gleichheit und Diversität. Integration von Immigranten, Multikulturalismus und der Wohlfahrtsstaat im internationalen Vergleich. In: Luft, S.; Schimany, P. (Hg.): Integration von Zuwanderern. Erfahrungen, Konzepte, Perspektiven. Bielefeld: 55-93.

Kresta, E. (2004): "Unter Integration versteht jeder etwas anderes ", sagt Marieluise Beck. In: TAZ. http://www.taz.de/1/archiv/archiv/?dig=2004/11/24/a0191 [30.01.2012]

Krummacher, M.; Kulbach, R.; Waltz, R.; Wohlfahrt, N. (2003): Soziale Stadt, Sozialraumentwicklung, Quartiersmanagement: Herausforderungen für Politik, Raumplanung und soziale Arbeit. Opladen.

Löffler, B. (2011): Integration in Deutschland. Zwischen Assimilation und Multikulturalismus. München.

Luft, S. (2006): Deutsche Großstädte zwischen Parallelgesellschaften und Integration. In: Politische Studien 409: 60-70.

Michalowski, I. (2007): Integration als Staatsprogramm. Deutschland, Frankreich und die Niederlande im Vergleich. Paris.

Neubert, S.; Roth, H.; Yildiz, E. (2008): Multikulturalismus - ein umstrittenes Konzept. In: Neubert, S.; Roth, H.; Yildiz, E. (Hg.): Multikulturalität in der Diskussion: Neuere Beiträge zu einem umstrittenen Konzept. 2. Aufl., Wiesbaden: 9-26.

Nauck, B. (1988): Sozial-ökologischer Kontext und außerfamiliäre Beziehungen. Ein interkultureller und interkontextueller Vergleich am Beispiel von deutschen und türkischen Familien. In: Friedrichs, J. (Hg.): Soziologische Stadtforschung. Kölner Zeitschrift für Soziologie und Sozialpsychologie. Sonderheft 29. Opladen: 310-327.

o.V. (2011): Warnung vor Assimilation: Erdogans Rede erzürnt deutsche Politiker. In: Welt Online. http://www.welt.de/print/die_welt/politik/article12667790/Erdogans-Rede-erzuernt-deutsche-Politiker.html [31.01.2012]

o.V. (2011): Streit um „Graue Wölfe"-Kongress in der Grugahalle. In: DerWesten. http://www.derwesten.de/staedte/essen/streit-um-graue-woelfe-kongress-in-der-grugahalle-id6081500.html

Reichel, D. (2011): Staatsbürgerschaft und Integration: Die Bedeutung der Einbürgerung für MigrantInnen: Die Bedeutung der Einbürgerung für MigrantInnen. Wiesbaden.

Reimann, B. (2008): Integration von Zuwanderern im Quartier: Ausgangslage, Herausforderungen und Perspektiven. In: Schnur, O. (Hg.): Quartiersforschung: Zwischen Theorie und Praxis. Wiesbaden: 193-208.

Riegel, C. (2004): Im Kampf um Zugehörigkeit und Anerkennung. Orientierungen und Handlungsformen von jungen Migrantinnen. Eine sozio-biografische Untersuchung. Frankfurt a. M.

Sackmann, R. (1997): Migranten und Aufnahmegesellschaften. In: Häußermann, H.; Oswald, I. (Hg.): Zuwanderung und Stadtentwicklung. Wiesbaden: 42–59.

Sauer, M. (2009): Theorie und Empirie der Einwanderungsintegration. In: Stiftung Zentrum für Türkeistudien (Hg.): Erfolge und Defizite der Integration türkeistämmiger Einwanderer. Entwicklung der Lebenssituation 1999-2008. Wiesbaden: 17-28.

Schröer, H. (o.J.): Kommunale Integrations-konzepte. In: VIA Bayern e.V. - Verband für interkulturelle Arbeit (Hg.): Kommunale Integrations-konzepte. Heft Nr. 4 der Broschürenreihe „Integration in Bayern". (Broschüre) München.

Siebel, W. (2007): Krise der Stadtentwicklung und die Spaltung der Städte. In: Baum, D. (Hg.): Die Stadt in der Sozialen Arbeit: Ein Handbuch für soziale und planende Berufe. Wiesbaden: 123-135.

Söhn, J.; Schönwälder, K. (2007): Handlungsfeld: Stadträumliche Integrationspolitik. Ergebnisse des Projektes „Zuwanderer in der Stadt". Darmstadt.

Stadt Berlin (2007): "Vielfalt fördern – Zusammenhalt stärken". Das Berliner Integrationskonzept. Handlungsfelder, Ziele, Leitprojekte. Berlin.

Stadt Oberhausen (2006): Kommunales Integrationskonzept Oberhausen. Oberhausen.

Stadt Wiesbaden (o.J): Integrationskonzept für die Landeshauptstadt Wiesbaden. Erste Fortschreibung 2010-2014. Wiesbaden.

Strohmeier, K. (2008): Demographischer Wandel und soziale Segregation. In: Bertelsmann Stiftung (Hg.) (2008): Demographie konkret - Soziale Segregation in deutschen Großstädten: Daten und Handlungskonzepte für eine integrative Stadtpolitik. (Broschüre) Gütersloh: 10-15.

Taylor, Charles (1993): Multikulturalismus und die Politik der Anerkennung. Mit Kommentaren von A. Gutmann , St. C. Rockefeller, M. Walzer, S. Wolf. Mit einem Beitrag von J. Habermas. Frankfurt am Main.

Treibel, A. (2003): Migration in modernen Gesellschaften, soziale Folgen von Einwanderung, Gastarbeit und Flucht. 3. Aufl., Weinheim.

Worbs, S. (2009): „Parallelgesellschaften" von Zuwanderern in Städten? In: Gesemann, F.; Roth, R. (Hg.): Lokale Integrationspolitik in der Einwanderungsgesellschaft. Migration und Integration als Herausforderung von Kommunen. Wiesbaden: 217-233.

Abbildungs- und Tabellenverzeichnis

Abb.1: Die verschiedenen Dimensionen der Sozialintegration nach ESSER 11